Lucas Mancini Sandrini

O Novo Trabalho de 5 Horas por Semana

Como a Inteligência Artificial e os Robôs Humanoides Revolucionarão o Futuro do Trabalho e da Riqueza

Copyright © 2024 by Lucas Mancini Sandrini
Todos os direitos reservados. Nenhuma parte desta publicação pode ser reproduzida, armazenada ou transmitida, por qualquer meio ou em qualquer formato, seja eletrônico, mecânico, fotocópia, gravação ou outro, sem a permissão prévia e por escrito do autor.

Título:
O Novo Trabalho de 5 Horas por Semana: Como a Inteligência Artificial e os Robôs Humanoides Revolucionarão o Futuro do Trabalho e da Riqueza

Autor:
Lucas Mancini Sandrini

Publicado por:
Independently published via Amazon Kindle Direct Publishing (KDP)

Primeira Edição
Publicado em: Novembro de 2024

Aviso Legal:
Este livro é uma obra de não ficção baseada em pesquisa e análise do autor. Embora o autor tenha se empenhado para garantir a exatidão das informações aqui contidas, as opiniões e interpretações são exclusivamente do autor. Nem o autor nem a plataforma KDP se responsabilizam pelo uso indevido das informações apresentadas.

Impressão sob demanda por Amazon KDP
Este livro foi produzido e impresso sob demanda pela Amazon.

Aviso sobre Direitos Autorais:
Este livro é protegido por leis de direitos autorais. A reprodução não autorizada, total ou parcial, por qualquer meio, é proibida.

à minha esposa Luíza e aos meus filhos Bernardo e Gustavo

Contents

1. Introdução - A Nova Era do Trabalho — 1
2. A História do Trabalho Humano — 4
3. Revoluções Tecnológicas e a Redução da Jornada — 9
4. Industrialização e o Barateamento dos Bens — 14
5. A Era Digital e a Automação — 18
6. Inteligência Artificial: O Próximo Salto — 23
7. Robôs Humanoides no Ambiente de Trabalho — 27
8. O Modelo de Trabalho de 5 Horas por Semana — 32
9. Riqueza e Qualidade de Vida no Novo Paradigma — 39
10. Preparando-se para o Futuro: Adaptação Educacional e... — 46
11. Abraçando a Abundância — 51

# 1

Introdução - A Nova Era do Trabalho

Estamos à beira de uma transformação sem precedentes na história da humanidade. A revolução tecnológica que se aproxima, impulsionada pela inteligência artificial (IA) e pelos robôs humanoides, promete redefinir fundamentalmente a forma como trabalhamos, vivemos e interagimos com o mundo ao nosso redor.

Esta nova era do trabalho não é mais uma visão distante de ficção científica; é uma realidade emergente que já está começando a moldar setores inteiros e a influenciar decisões em nível global.

A automação não é um conceito novo. Desde a Revolução Industrial, máquinas têm substituído o trabalho humano em várias funções, aumentando a produtividade e alterando a dinâmica econômica. No entanto, a atual onda de inovação tecnológica é completamente diferente. A IA moderna possui a capacidade não apenas de executar tarefas repetitivas, mas também de aprender, adaptar-se e até tomar decisões complexas. Quando combinada com robôs humanoides avançados, essa tecnologia tem o potencial de assumir funções que, até recentemente, eram consideradas exclusivamente humanas.

A IA tem evoluído a um ritmo acelerado nos últimos anos. Algoritmos de aprendizado de máquina e redes neurais profundas permitiram avanços significativos em áreas como reconhecimento de voz, visão computacional e processamento de linguagem natural. Empresas em todo o mundo estão adotando essas tecnologias para otimizar operações, reduzir custos e criar novos modelos de negócios.

Por exemplo, assistentes virtuais baseados em IA, como Siri, Alexa e Google Assistant, tornaram-se comuns nos lares, auxiliando em tarefas diárias e controlando dispositivos inteligentes. No setor financeiro, algoritmos de trading automatizado realizam negociações em frações de segundo, enquanto sistemas de detecção de fraudes monitoram transações em tempo real.

Enquanto a automação tradicional substituiu funções manuais e repetitivas como em fábricas e montadoras de automóveis, os robôs humanoides representam um salto evolutivo. Projetados para se assemelharem fisicamente aos seres humanos, eles podem operar em ambientes projetados para pessoas, utilizando ferramentas e interagindo com equipamentos sem a necessidade de reconfiguração significativa do ambiente em que operam.

Empresas como a Boston Dynamics e a Tesla têm demonstrado robôs capazes de caminhar, correr, saltar e realizar tarefas complexas em ambientes desafiadores. A integração de IA nesses robôs permite que eles aprendam com o ambiente, reconheçam objetos e tomem decisões baseadas em sensores em tempo real.

A combinação de IA e robôs humanoides está prestes a impactar diversos setores tais como:

Manufatura: Robôs capazes de realizar montagem complexa, inspeção de qualidade e manutenção preditiva.

Saúde: Assistentes robóticos auxiliando em cirurgias, cuidados de enfermagem e logística hospitalar.

Serviços: Atendimento ao cliente automatizado, robôs de concierge em hotéis e suporte técnico avançado.

Construção: Robôs que podem construir estruturas, realizar demolições controladas e até imprimir edifícios inteiros usando tecnologia de impressão 3D.

Essa transformação tecnológica promete aumentar a eficiência, reduzir custos e eliminar erros humanos. No entanto, também levanta questões importantes sobre o futuro do emprego, a redistribuição de riqueza e o papel do ser humano na sociedade.

Apesar dos desafios, há razões para o otimismo. A automação tem o potencial de libertar os seres humanos de trabalhos perigosos, monótonos ou exaustivos, permitindo que se concentrem em atividades mais significativas e gratificantes. Com a correta abordagem, a sociedade pode entrar em uma era de abundância, onde as necessidades básicas são atendidas e os indivíduos têm mais tempo para perseguir paixões pessoais, educação contínua e contribuições criativas para a cultura e a ciência.

A nova era do trabalho impulsionada pela IA e robôs humanoides é uma realidade inevitável. As mudanças iminentes na estrutura de trabalho exigem uma reflexão profunda sobre o que significa trabalhar e como podemos garantir que essa transição beneficie a todos.

Este livro explorará em detalhes essa jornada, desde as raízes históricas do trabalho humano até as possibilidades futuras de uma sociedade transformada pela tecnologia.

Convidamos você a embarcar conosco nesta exploração, enquanto navegamos pelos desafios e oportunidades que definem nosso caminho rumo a um futuro promissor.

2

A História do Trabalho Humano

Desde os primórdios da humanidade, o trabalho tem sido uma atividade central na vida humana, moldando sociedades, culturas e economias. A forma como os seres humanos dedicam seu tempo e energia ao trabalho evoluiu significativamente ao longo dos séculos, influenciada por mudanças tecnológicas, sociais e econômicas. Compreender essa evolução é essencial para contextualizar as transformações que a inteligência artificial e os robôs humanoides trarão no futuro.

Nas sociedades de caçadores-coletores, que antecederam a Revolução Agrícola, o trabalho era diretamente ligado à sobrevivência. Pequenos grupos nômades dependiam da caça, pesca e coleta de alimentos, atividades que exigiam profundo conhecimento do ambiente natural e habilidades específicas. A jornada de trabalho variava conforme as estações do ano, a disponibilidade de recursos e as necessidades imediatas do grupo. Curiosamente, estudos antropológicos sugerem que esses povos dedicavam, em média, de quatro a seis horas diárias às atividades de subsistência, o que lhes proporcionava tempo para rituais, convivência social e descanso. O trabalho era integrado à vida comunitária, fortalecendo laços sociais e culturais.

Com a domesticação de plantas e animais há cerca de 10 mil anos, a Revolução Agrícola transformou radicalmente as estruturas sociais. A agricultura permitiu o surgimento de assentamentos permanentes, o que levou ao desenvolvimento de excedentes alimentares e, consequentemente, à especialização de funções. Agricultores trabalhavam longas horas, desde o amanhecer até o anoitecer, dedicando-se ao cultivo da terra e ao cuidado com os animais. A terra tornou-se um recurso valioso, levando à criação de hierarquias sociais e desigualdades econômicas. Surgiram artesãos, comerciantes e outros papéis além da agricultura, e a propriedade privada estabeleceu-se como um conceito central nas relações sociais.

Nas civilizações antigas, como Egito, Mesopotâmia, Grécia e Roma, o trabalho foi fundamental para a construção de monumentos, cidades e infraestruturas impressionantes. Grande parte dessas obras era realizada por escravos, que não tinham controle sobre suas jornadas de trabalho. A sociedade era marcada por uma divisão de classes acentuada: uma elite governante, uma classe média de comerciantes e artesãos, e uma vasta classe trabalhadora ou escrava. Apesar das condições muitas vezes desumanas, esses trabalhadores contribuíram para avanços significativos em engenharia, arquitetura e desenvolvimento de sistemas legais e econômicos.

Com a queda do Império Romano, a Europa entrou na Idade Média, caracterizada pelo sistema feudal. A sociedade era predominantemente agrária, e a terra continuava sendo o principal recurso econômico. Os camponeses, ou servos, trabalhavam nas terras dos senhores feudais em troca de proteção e do direito de cultivar pequenas parcelas para sua subsistência. A jornada de trabalho variava de acordo com as estações; períodos intensos de plantio e colheita eram seguidos por momentos de menor atividade agrícola. A Igreja influenciava fortemente o calendário, com muitos dias dedicados a festas religiosas, o que, paradoxalmente, reduzia o número de dias de trabalho anuais. A hierarquia social era rígida, e a mobilidade entre classes era praticamente inexistente. A vida girava em torno da aldeia e das obrigações para com o senhor feudal.

O Renascimento, a partir do século XIV, trouxe mudanças culturais e econômicas significativas. O crescimento das cidades e do comércio internacional alterou a dinâmica do trabalho. Surgiram artesãos especializados organizados em guildas, que controlavam a qualidade e os preços dos produtos. As grandes navegações abriram novos mercados e oportunidades, levando a uma transição gradual para o trabalho assalariado e ao surgimento de uma classe trabalhadora remunerada. Inovações tecnológicas, como a imprensa e avanços na navegação, impulsionaram o progresso. A burguesia, composta por comerciantes e banqueiros, ganhou destaque e influência política, alterando as estruturas de poder tradicionais.

No século XVIII, a Revolução Industrial iniciou-se na Inglaterra e rapidamente espalhou-se pelo mundo, transformando profundamente a forma como o trabalho era realizado. A introdução de máquinas a vapor, novas tecnologias e processos produtivos mudou drasticamente os métodos de produção. Trabalhadores, incluindo mulheres e crianças, enfrentavam jornadas extenuantes de 12 a 16 horas em condições muitas vezes insalubres e perigosas nas fábricas. A disciplina industrial impunha horários rígidos, supervisão intensa e penalidades severas por atrasos ou erros. A urbanização acelerou, com grandes fluxos migratórios do campo para as cidades em busca de emprego nas indústrias emergentes.

As condições precárias e a exploração da força de trabalho durante a Revolução Industrial levaram a crescentes demandas por mudanças. O século XIX testemunhou lutas significativas pela redução das horas de trabalho e por melhores condições laborais. No Reino Unido, a Lei das Dez Horas, aprovada em 1847, limitou a jornada de trabalho de mulheres e crianças em fábricas têxteis. O movimento pelas oito horas de trabalho difundiu-se globalmente, defendendo a divisão do dia em "oito horas de trabalho, oito horas de lazer e oito horas de descanso". Em 1886, a greve geral nos Estados Unidos pela jornada de oito horas resultou nos eventos de *Haymarket*, estabelecendo o Primeiro de Maio como o Dia Internacional dos Trabalhadores.

A jornada de trabalho ao longo da história reflete não apenas as necessidades econômicas de cada época, mas também os valores culturais e as relações de poder vigentes. A tecnologia atuou consistentemente como um motor de mudança, com inovações levando a alterações na estrutura e na natureza do trabalho. As conquistas trabalhistas foram alcançadas por meio de organização coletiva na promoção de melhorias sociais. A busca por um equilíbrio saudável entre trabalho e vida pessoal é uma constante na história humana, embora os desafios e as condições tenham variado amplamente.

Compreender a história do trabalho humano é, portanto, essencial para abordar as transformações atuais e futuras. A evolução das jornadas de trabalho demonstra que mudanças significativas são possíveis e que a sociedade tem a capacidade de se adaptar a novas realidades.

À medida que avançamos para uma nova era marcada pela

inteligência artificial e pelos robôs humanoides, enfrentamos desafios e oportunidades semelhantes. Assim como as máquinas da Revolução Industrial substituíram trabalhos manuais, a IA tem o potencial de automatizar tarefas cognitivas. A sociedade contemporânea precisa refletir sobre como garantir que os benefícios dessa tecnologia sejam amplamente compartilhados e como preparar a força de trabalho para as transições que se aproximam.

Há um potencial real para reduzir ainda mais as horas de trabalho humano, aproveitando o aumento da produtividade proporcionado pelas novas tecnologias. Isso exige uma reavaliação do valor do trabalho e uma redefinição do que constitui uma ocupação significativa em uma era de abundância tecnológica. Investir em educação e no desenvolvimento de habilidades como criatividade, pensamento crítico e empatia será fundamental para preparar as futuras gerações para um mundo em constante transformação.

3

Revoluções Tecnológicas e a Redução da Jornada

Ao longo da história, a inovação tecnológica tem sido um motor poderoso de transformação social e econômica. Cada revolução tecnológica trouxe consigo mudanças profundas na maneira como trabalhamos, vivemos e nos relacionamos com o mundo.

A Revolução Industrial, iniciada no século XVIII, marcou o primeiro grande salto tecnológico que alterou drasticamente a dinâmica do trabalho. A invenção da máquina a vapor por James Watt, em 1765, foi um ponto de inflexão que permitiu a mecanização de processos produtivos antes realizados manualmente. A máquina a vapor possibilitou o funcionamento contínuo de fábricas, impulsionando a produção em massa e aumentando significativamente a eficiência industrial.

Antes da máquina a vapor, a produção dependia principalmente da força humana ou animal, bem como de fontes de energia como a água e o vento, que eram limitadas e imprevisíveis. Com a nova tecnologia, tornou-se possível acionar máquinas em qualquer lugar e a qualquer momento, independentemente das condições climáticas. Isso levou ao surgimento de indústrias como a têxtil, metalúrgica e de transporte, que se expandiram rapidamente.

No entanto, essa primeira fase da industrialização não resultou imediatamente na redução da jornada de trabalho. Pelo contrário, os trabalhadores frequentemente enfrentavam longas horas em condições difíceis. A mecanização aumentou a demanda por mão de obra nas fábricas, onde homens, mulheres e crianças trabalhavam em jornadas exaustivas.

Apesar disso, a mecanização estabeleceu as bases para futuras reduções na carga de trabalho. À medida que a eficiência produtiva aumentava, tornou-se evidente que menos trabalhadores eram necessários para produzir a mesma quantidade de bens. Isso gerou um excedente de mão de obra e iniciou debates sobre a necessidade de regular as horas de trabalho.

A segunda grande onda de inovação tecnológica veio com a descoberta e aplicação da eletricidade no final do século XIX e início do século XX. A eletricidade revolucionou não apenas a indústria, mas também a vida cotidiana. Thomas Edison, Nikola Tesla e outros inventores contribuíram para o desenvolvimento de sistemas elétricos que iluminaram cidades, alimentaram máquinas e transformaram a comunicação.

A eletrificação das fábricas permitiu uma flexibilidade sem precedentes na organização do trabalho. Máquinas elétricas eram mais seguras, eficientes e fáceis de operar do que as movidas a vapor. Além disso, a eletricidade possibilitou a criação de novos produtos e serviços, expandindo mercados e criando empregos em setores emergentes. A automação de tarefas repetitivas e perigosas reduziu a necessidade de trabalho manual pesado, permitindo que os trabalhadores se concentrassem em funções mais qualificadas e menos exaustivas.

Na esfera doméstica, a eletricidade introduziu aparelhos que revolucionaram as tarefas domésticas. Eletrodomésticos como refrigeradores, máquinas de lavar e aspiradores de pó aliviaram o fardo do trabalho doméstico, especialmente para as mulheres, que tradicionalmente carregavam a maior parte dessas responsabilidades. Isso liberou tempo para educação, trabalho remunerado e atividades de lazer, contribuindo para mudanças sociais significativas, como a entrada das mulheres no mercado de trabalho.

A terceira revolução tecnológica, iniciada na segunda metade do século XX, foi impulsionada pela computação e pela digitalização. O desenvolvimento de computadores eletrônicos, inicialmente grandes e caros, evoluiu rapidamente para dispositivos pessoais acessíveis e portáteis. A Lei de Moore, observada pelo cofundador da Intel, Gordon Moore, previu que o número de transistores em um circuito integrado dobraria aproximadamente a cada dois anos, aumentando exponencialmente o poder de processamento dos computadores.

A introdução de computadores no ambiente de trabalho transformou radicalmente a produtividade e a natureza do trabalho. Processos que antes eram realizados manualmente, como cálculos complexos, gerenciamento de dados e comunicação, tornaram-se automatizados. Softwares especializados aumentaram a eficiência em setores como finanças, engenharia, medicina e educação. A internet, inicialmente uma rede militar e acadêmica, expandiu-se para o uso comercial e doméstico, conectando o mundo de maneira sem precedentes.

A computação não apenas aumentou a produtividade, mas também possibilitou formas flexíveis de trabalho. O trabalho remoto tornou-se viável, permitindo que profissionais desempenhassem suas funções a partir de qualquer lugar com acesso à internet. Isso ofereceu maior equilíbrio entre vida profissional e pessoal, reduzindo deslocamentos e proporcionando mais flexibilidade de horário.

A redução da carga de trabalho humana como resultado das revoluções tecnológicas não foi um processo linear ou isento de desafios. Cada avanço tecnológico trouxe consigo benefícios e dificuldades que precisaram ser enfrentados pela sociedade. No entanto, é inegável que a tecnologia permitiu produzir mais com menos esforço humano, aumentando o padrão de vida e proporcionando mais tempo livre para uma parcela crescente da população.

A história mostra que, embora a tecnologia possa inicialmente deslocar empregos, ela também cria novas oportunidades. A mecanização agrícola, por exemplo, reduziu drasticamente a necessidade de mão de obra no campo, mas liberou trabalhadores para ingressar em outros setores econômicos em crescimento. Da mesma forma, a automação industrial eliminou certos empregos manufatureiros, mas criou demanda por técnicos, engenheiros e profissionais de TI.

A revolução tecnológica atual, impulsionada pela inteligência artificial e robótica avançada, tem o potencial de continuar essa tendência. No entanto, a velocidade e a escala das mudanças apresentam desafios inéditos. A capacidade das máquinas de executar tarefas cognitivas complexas levanta questões sobre o futuro do trabalho humano e como a sociedade deve se adaptar a essas transformações.

À medida que nos aproximamos de uma nova era tecnológica, é fundamental aprender com o passado e preparar-se para um futuro onde a tecnologia irá evoluir muito mais rapidamente. Com planejamento cuidadoso e investimento em capital, podemos garantir que as próximas revoluções tecnológicas promovam não apenas a eficiência econômica, mas também o desenvolvimento humano e social, conduzindo-nos a uma sociedade onde o trabalho é mais significativo e menos obrigatório fazendo assim que a qualidade de vida seja amplamente compartilhada.

4

Industrialização e o Barateamento dos Bens

A transição para a era industrial representou uma das mudanças mais profundas na história da humanidade. A industrialização não apenas revolucionou os métodos de produção, mas também transformou a sociedade em múltiplos aspectos. Uma das consequências mais significativas desse período foi o barateamento dos bens de consumo, resultado direto da produção em massa.

No final do século XVIII e início do século XIX, a Revolução Industrial começou a ganhar força na Inglaterra, espalhando-se posteriormente pela Europa continental e América do Norte. Esse período foi marcado por uma série de inovações tecnológicas e organizacionais que transformaram a produção artesanal em manufatura mecanizada. A introdução de máquinas a vapor, teares mecânicos e outras invenções permitiu que produtos fossem fabricados em grande escala, de forma mais rápida e eficiente do que nunca.

Antes da industrialização, a produção de bens era predominantemente artesanal. Artesãos especializados criavam produtos individualmente ou em pequenas quantidades, o que tornava os bens caros e inacessíveis para a maioria da população. A produção era lenta, limitada pela habilidade manual e pelo tempo disponível de cada artesão. Além disso, a qualidade e as características dos produtos podiam variar significativamente, uma vez que cada item era único.

A industrialização trouxe consigo o sistema fabril, onde máquinas operadas por trabalhadores produziam grandes quantidades de produtos padronizados. A mecanização permitiu que tarefas antes realizadas manualmente fossem executadas por máquinas com maior velocidade e precisão. Isso reduziu significativamente o tempo de produção e os custos associados, permitindo que os produtos fossem vendidos a preços muito mais baixos.

Um dos exemplos mais emblemáticos do impacto da produção em massa foi a indústria têxtil. Com a invenção da máquina de fiar e do tear mecânico, a produção de tecidos aumentou exponencialmente. O algodão, antes um luxo disponível apenas para os mais ricos, tornou-se acessível para as massas. Roupas e tecidos de qualidade passaram a ser consumidos por pessoas de diversas classes sociais, melhorando o conforto e a higiene da população.

Outro avanço crucial foi a introdução da linha de montagem, popularizada por Henry Ford no início do século XX. Ao aplicar princípios de produção em massa na fabricação de automóveis, Ford conseguiu reduzir drasticamente o custo de produção do Modelo T. O automóvel, que antes era um artigo de luxo, tornou-se acessível à classe média americana. Isso não apenas transformou a indústria automotiva, mas também teve impactos profundos na mobilidade, urbanização e cultura do século XX.

A produção em massa levou à padronização dos produtos. Embora isso significasse menos personalização, também garantiu que os consumidores pudessem confiar na consistência e na qualidade dos bens adquiridos. Produtos como sapatos, utensílios domésticos, ferramentas e eletrodomésticos tornaram-se amplamente disponíveis e a preços que a maioria podia pagar. Isso elevou o padrão de vida, permitindo que mais pessoas tivessem acesso a confortos antes inimagináveis.

O barateamento dos bens teve impactos econômicos e sociais profundos. Aumentou o poder de compra das pessoas, estimulando o consumo e impulsionando o crescimento econômico. Além disso, a acessibilidade dos bens contribuiu para a melhoria da saúde e do bem-estar. Produtos como medicamentos e equipamentos médicos tornaram-se mais disponíveis, contribuindo para o aumento da expectativa de vida e a redução de doenças. A educação também foi impactada, com a produção em massa de livros e materiais educativos tornando-os mais acessíveis, promovendo a alfabetização e o conhecimento.

A industrialização estabeleceu as bases para o desenvolvimento tecnológico contínuo. A competição entre empresas incentivou a inovação, levando ao desenvolvimento de novos produtos e tecnologias. A eficiência da produção em massa permitiu que a sociedade direcionasse recursos para outras áreas, como pesquisa científica, educação e infraestrutura, promovendo o progresso em múltiplas frentes.

A globalização, que ganhou impulso com os avanços nos transportes e comunicações, expandiu ainda mais o alcance da produção em massa. Mercadorias podiam ser produzidas em um país e vendidas em todo o mundo, integrando economias e culturas. Isso aumentou a diversidade de produtos disponíveis para os consumidores e fomentou o intercâmbio cultural.

INDUSTRIALIZAÇÃO E O BARATEAMENTO DOS BENS

A democratização do consumo alterou a dinâmica social. A distinção entre classes sociais tornou-se menos pronunciada em termos de acesso a bens materiais. Embora as disparidades econômicas persistissem, a disponibilidade de produtos básicos e até de alguns luxos, como televisores e smartfones, para a maioria da população contribuiu para uma sensação de inclusão e participação na sociedade de consumo.

No contexto atual, a industrialização e o barateamento dos bens continuam a evoluir com a introdução de novas tecnologias como automação avançada, inteligência artificial e impressão 3D. Essas inovações têm o potencial de reduzir ainda mais os custos de produção e personalizar os produtos em massa, atendendo às preferências individuais dos consumidores sem sacrificar a eficiência.

A industrialização e a produção em massa tiveram um impacto profundo na acessibilidade e no custo dos produtos, transformando a sociedade de maneira significativa. O barateamento dos bens permitiu que mais pessoas tivessem acesso a produtos e serviços que melhoraram a qualidade de vida, promoveram o desenvolvimento econômico e estimularam a inovação. Embora tenha trazido desafios, a industrialização, definitivamente, abriu caminho para uma sociedade mais conectada e próspera.

5

A Era Digital e a Automação

A segunda metade do século XX marcou o início de uma nova era na história humana: a Era Digital. Esta fase foi caracterizada por avanços tecnológicos sem precedentes, que transformaram radicalmente a forma como vivemos, trabalhamos e nos relacionamos. A automação, possibilitada pelo desenvolvimento de computadores e tecnologias digitais, emergiu como um dos principais motores dessa transformação, redefinindo processos produtivos e impulsionando a produtividade a níveis nunca antes vistos.

A evolução tecnológica que culminou na Era Digital teve suas raízes no desenvolvimento dos primeiros computadores eletrônicos durante a Segunda Guerra Mundial. Máquinas como o ENIAC (Electronic Numerical Integrator and Computer) demonstraram o potencial dos computadores para processar grandes volumes de dados e realizar cálculos complexos em velocidades inimagináveis para a época. Inicialmente utilizados para fins militares e científicos, os computadores gradualmente encontraram aplicações em setores civis, impulsionando a automação de tarefas administrativas e industriais.

A década de 1960 testemunhou a miniaturização dos componentes eletrônicos, graças à invenção do transistor e, posteriormente, dos circuitos integrados. Esses avanços permitiram a construção de computadores menores, mais rápidos e mais acessíveis. Empresas como a IBM lideraram a comercialização de computadores para uso empresarial, facilitando a automação de processos como contabilidade, gestão de inventário e processamento de dados. A introdução desses sistemas resultou em aumentos significativos de eficiência, reduzindo erros humanos e acelerando operações críticas.

A automação não se restringiu ao ambiente de escritório. Nas indústrias, a incorporação de sistemas de controle numérico computadorizado (CNC) revolucionou a manufatura. Máquinas-ferramenta controladas por computador podiam produzir peças com precisão milimétrica, operar 24 horas por dia e ajustar-se rapidamente a diferentes especificações. Isso permitiu a produção flexível em massa, combinando a eficiência da produção em larga escala com a capacidade de personalização.

A década de 1970 marcou o advento dos microprocessadores, que impulsionaram a criação de computadores pessoais. Empresas como Apple e Microsoft emergiram, tornando a computação acessível a indivíduos e pequenas empresas. O computador pessoal (PC) tornou-se uma ferramenta indispensável, democratizando o acesso à informação e às tecnologias de automação. Programas de software para processamento de texto, planilhas eletrônicas e bancos de dados transformaram a produtividade individual e organizacional.

Na década de 1980, a automação avançou com a introdução de sistemas de informação gerencial (SIG) e sistemas de planejamento de recursos empresariais (ERP). Essas ferramentas integravam diferentes funções organizacionais, como finanças, recursos humanos e logística, permitindo uma visão completa dos processos empresariais. A capacidade de analisar dados em tempo real melhorou a tomada de decisões e otimizou operações, reduzindo desperdícios e aumentando a eficiência.

O surgimento da internet, inicialmente como uma rede de comunicação militar e acadêmica, evoluiu para uma plataforma global de comunicação e comércio na década de 1990. A World Wide Web, desenvolvida por Tim Berners-Lee, facilitou o acesso à informação e a conexão entre pessoas e organizações em escala global. A internet tornou-se um catalisador para a automação de processos comerciais, desde transações financeiras até cadeias de suprimentos.

O comércio eletrônico emergiu como uma nova fronteira, com empresas como Amazon e eBay revolucionando a forma como produtos e serviços eram comprados e vendidos. A automação de processos de vendas, atendimento ao cliente e logística permitiu que empresas operassem em escala global com custos reduzidos. A digitalização de produtos, como música e filmes, transformou indústrias inteiras, eliminando a necessidade de suportes físicos e permitindo a distribuição instantânea.

No ambiente industrial, a automação avançou com a introdução de robôs industriais. Equipamentos robóticos, inicialmente utilizados para tarefas perigosas ou repetitivas, tornaram-se mais sofisticados, capazes de realizar operações complexas com alta precisão. A robótica colaborativa, ou "cobots", permitiu que humanos e robôs trabalhassem lado a lado, combinando a flexibilidade humana com a força e precisão das máquinas.

A inteligência artificial (IA) começou a ganhar destaque como uma ferramenta para aprimorar a automação. Algoritmos de aprendizado de máquina e redes neurais permitiram que sistemas computacionais aprendessem com dados, identificando padrões e fazendo previsões. Aplicações de IA foram implementadas em áreas como detecção de fraudes, diagnóstico médico, análise de mercado e personalização de produtos. A capacidade dos sistemas inteligentes de adaptar-se e melhorar ao longo do tempo ampliou o potencial da automação além de tarefas pré-programadas.

A automação de processos robóticos (RPA) surgiu como uma solução para automatizar tarefas administrativas repetitivas. Bots de software podiam interagir com sistemas existentes, executando operações como entrada de dados, processamento de transações e resposta a consultas. Isso liberou os funcionários para focarem em atividades de maior valor agregado, como análise, estratégia e inovação.

O impacto da automação na produtividade foi significativo. Empresas que adotaram tecnologias automatizadas experimentaram reduções de custos, melhorias na qualidade dos produtos e serviços, e maior capacidade de resposta às demandas do mercado. A eficiência operacional tornou-se um diferencial competitivo, incentivando a adoção acelerada de tecnologias digitais.

No contexto global, a automação contribuiu para mudanças na competitividade internacional. Países que investiram em tecnologia e inovação ganharam vantagem econômica, enquanto aqueles que não acompanharam o ritmo enfrentaram desafios para manter a produtividade e o crescimento. A disparidade tecnológica ampliou as diferenças econômicas entre nações, ressaltando a importância de políticas que promovam a inclusão digital.

Inegavelmente a Era Digital e a automação transformaram profundamente a produtividade e a estrutura econômica global. A capacidade de automatizar processos ampliou as possibilidades humanas, permitindo que nos concentrássemos em atividades mais complexas e criativas.

A história demonstra que a tecnologia, por si só, não determina os resultados sociais e econômicos. As escolhas feitas pela sociedade em termos de políticas, educação e valores são cruciais para direcionar o impacto da tecnologia de maneira positiva. A automação tem o potencial de criar uma era de abundância e prosperidade compartilhada, mas isso depende de como enfrentamos os desafios e aproveitamos as oportunidades.

À medida que avançamos para o futuro, é essencial continuar a explorar formas de integrar a tecnologia de maneira que promova o bem-estar humano. A Era Digital é uma etapa em uma jornada contínua de transformação, e cabe a nós moldar seu curso para criar uma sociedade mais justa, produtiva e sustentável.

6

Inteligência Artificial: O Próximo Salto

A exploração do potencial da Inteligência Artificial (IA) na substituição de tarefas cognitivas complexas é um dos principais motores da revolução tecnológica contemporânea. A IA deixou de ser apenas um conceito teórico ou elemento de ficção científica para se tornar uma força real e transformadora na sociedade moderna. Sua influência está remodelando indústrias inteiras, redefinindo empregos e criando novas oportunidades econômicas.

Mas o que é, exatamente, a Inteligência Artificial? Em termos simples, IA é um ramo da ciência da computação dedicado à criação de sistemas capazes de realizar tarefas que normalmente exigiriam inteligência humana. Isso inclui habilidades como aprendizado, raciocínio, percepção, compreensão da linguagem e resolução de problemas. A IA busca emular processos cognitivos humanos, permitindo que máquinas não apenas executem instruções pré-programadas, mas também aprendam com a experiência e se adaptem a novas situações.

Nos últimos anos, avanços significativos em áreas como

aprendizado de máquina (machine learning) e aprendizado profundo (deep learning) impulsionaram a IA para níveis sem precedentes de capacidade e eficiência. Algoritmos sofisticados podem agora analisar vastas quantidades de dados, identificar padrões complexos e tomar decisões informadas com velocidade e precisão superiores às humanas. Isso abriu caminho para aplicações revolucionárias em diversos setores, desde saúde e educação até finanças e transporte.

A capacidade da IA de substituir tarefas cognitivas complexas tem implicações profundas para o mundo do trabalho. Profissões que antes eram consideradas insubstituíveis pela automação estão agora sendo transformadas. Analistas financeiros, advogados, médicos e até artistas estão vendo partes de suas atividades sendo assumidas por sistemas de IA. Por exemplo, programas de diagnóstico médico auxiliados por IA podem detectar doenças em estágios iniciais com maior precisão, enquanto softwares legais podem analisar documentos jurídicos em frações do tempo que um humano levaria.

Essa transformação tecnológica não é apenas sobre substituição, mas também sobre ampliação das capacidades humanas. A IA pode lidar com tarefas tediosas e repetitivas, permitindo que os profissionais se concentrem em aspectos mais criativos e estratégicos de seu trabalho. Em um cenário onde a jornada de trabalho se reduz a cinco horas por semana, a IA é a aliada que torna esse modelo sustentável, automatizando processos e aumentando a produtividade.

A integração harmoniosa da IA na sociedade depende de um equilíbrio entre inovação e responsabilidade, pois questões éticas relacionadas à tomada de decisões autônomas pelas máquinas, privacidade de dados e viés algorítmico exigem atenção cuidadosa. Regulamentações adequadas e diretrizes éticas são essenciais para garantir que o desenvolvimento da IA beneficie a todos e não apenas a alguns setores privilegiados. A transparência nos algoritmos e a responsabilidade pelas decisões tomadas por sistemas de IA são aspectos cruciais desse processo.

No ambiente empresarial, a IA está redefinindo modelos de negócios. Empresas que adotam tecnologias de IA ganham vantagens competitivas significativas, otimizando operações, melhorando a experiência do cliente e explorando novos mercados. Startups focadas em IA estão surgindo em ritmo acelerado, atraindo investimentos substanciais e impulsionando a inovação em áreas como robótica, processamento de linguagem natural e visão computacional.

Para os indivíduos, a IA oferece a oportunidade de equilibrar melhor vida pessoal e profissional. Com a automação de tarefas rotineiras, as pessoas podem dedicar mais tempo a atividades que promovem bem-estar, aprendizado contínuo e desenvolvimento pessoal. A promessa de uma jornada de trabalho reduzida se torna viável quando as tecnologias de IA são utilizadas para maximizar a eficiência e minimizar o desperdício de tempo.

Em última análise, a Inteligência Artificial representa o próximo salto na evolução tecnológica da humanidade. Sua capacidade de assumir tarefas cognitivas complexas não apenas altera a forma como trabalhamos, mas também como percebemos nosso papel no mundo. A chave para aproveitar ao máximo esse potencial reside na adaptação, na educação e na busca por soluções que promovam a prosperidade compartilhada.

À medida que avançamos para um futuro onde a IA é onipresente, é fundamental manter o foco nos valores humanos que definem nossa sociedade. Empatia, criatividade, ética e consciência social são atributos que a IA ainda não pode replicar plenamente. Portanto, a colaboração entre humanos e máquinas inteligentes será o alicerce sobre o qual construiremos um mundo melhor, onde o trabalho de cinco horas por semana não é apenas um ideal, mas uma realidade alcançável.

7

Robôs Humanoides no Ambiente de Trabalho

A chegada de robôs humanoides ao ambiente de trabalho representa uma das evoluções mais significativas da era tecnológica atual. A ideia de máquinas capazes de executar tarefas humanas não é nova; no entanto, os avanços recentes em robótica e inteligência artificial transformaram essa visão em uma realidade palpável. Robôs avançados gradualmente assumirão funções humanas em diversos setores, remodelando a maneira como concebemos o trabalho e redefinindo o papel do ser humano na sociedade moderna.

Robôs humanoides são máquinas projetadas para se assemelharem ao corpo humano em forma e função. Essa semelhança não é apenas estética; ela permite que os robôs operem em ambientes projetados para humanos, usando ferramentas e interagindo com equipamentos sem a necessidade de adaptações. A antropomorfização desses robôs facilita sua integração em espaços já existentes, tornando a transição mais suave e eficiente.

No setor industrial, por exemplo, robôs humanoides estão sendo introduzidos para realizar tarefas que exigem destreza manual e tomada de decisões em tempo real. Em linhas de montagem, eles podem executar operações complexas que antes eram exclusivas de trabalhadores humanos, como montagem de componentes delicados ou inspeção de qualidade. Empresas automobilísticas e de eletrônicos estão investindo pesado nessa tecnologia para aumentar a precisão e a velocidade da produção, reduzindo erros e minimizando custos operacionais.

No campo da saúde, robôs humanoides revolucionarão o atendimento ao paciente. Eles poderão auxiliar em cirurgias, oferecendo precisão além da capacidade humana, ou atuar como cuidadores em clínicas e hospitais, realizando tarefas como administração de medicamentos, monitoramento de sinais vitais e até mesmo oferecendo companhia a pacientes isolados.

A área de serviços também está se beneficiando dessa tecnologia. Em hotéis e restaurantes, robôs humanoides logo serão utilizados como recepcionistas, garçons e atendentes, interagindo com clientes de maneira natural e eficiente. Eles poderão compreender e responder a solicitações em múltiplos idiomas, melhorar a experiência do cliente e operar sem descanso, aumentando a produtividade dos estabelecimentos. O hotel Henn-na, no Japão, é um exemplo pioneiro, onde robôs humanoides já desempenham a maioria das funções operacionais.

Na educação, esses robôs logo estarão empregados como assistentes de ensino, oferecendo suporte personalizado a estudantes. Eles podem adaptar métodos de ensino às necessidades individuais, ajudar em atividades de aprendizagem interativas e até mesmo auxiliar crianças com necessidades especiais. A interação com robôs humanoides pode tornar o processo educativo mais envolvente, estimulando o interesse dos alunos por ciência e tecnologia.

No setor de segurança e defesa, robôs humanoides estão sendo desenvolvidos para executar missões de alto risco, como desarmamento de explosivos, resgate em zonas de desastre e patrulhamento em áreas perigosas. A capacidade de operar em ambientes hostis sem colocar vidas humanas em risco é um dos principais benefícios dessa aplicação. Empresas como a Boston Dynamics têm feito avanços significativos, criando robôs capazes de navegar terrenos complexos e executar tarefas críticas com autonomia.

A integração de robôs humanoides no ambiente de trabalho levanta questões importantes sobre o futuro do emprego. Há preocupações legítimas sobre a substituição de trabalhadores humanos e o potencial aumento do desemprego. No entanto, é crucial entender que a automação de tarefas rotineiras e repetitivas pode liberar os seres humanos para se concentrarem em atividades que exigem criatividade, pensamento crítico e inteligência emocional – habilidades que os robôs ainda não conseguem replicar plenamente.

Além disso, o desenvolvimento e a manutenção de robôs humanoides criam novas oportunidades de emprego em áreas como engenharia, programação, design de interfaces e ética tecnológica. A economia pode se beneficiar com o aumento da eficiência e da produtividade, levando a um crescimento econômico que, se bem gerenciado, pode resultar em melhoria geral da qualidade de vida.

A aceitação social dos robôs humanoides também é um fator determinante para o seu sucesso. A percepção pública sobre a confiabilidade e a intenção dessas máquinas influencia a rapidez com que elas serão adotadas em larga escala. Campanhas educacionais e transparência nos processos de desenvolvimento podem ajudar a construir confiança e compreensão sobre o papel dos robôs no futuro do trabalho.

Exemplos concretos de robôs humanoides que estão fazendo a diferença incluem o Optimus, apresentado pela Tesla sob a liderança de Elon Musk. Esse robô foi projetado para executar tarefas repetitivas e perigosas, com a expectativa de iniciar sua comercialização em breve. Paralelamente, a OpenAI firmou uma parceria com a startup de robótica Figure para integrar sistemas avançados de inteligência artificial, como o GPT, em robôs humanoides. Essa colaboração visa aprimorar a interação e a adaptabilidade dessas máquinas, permitindo que se adaptem a diversos contextos e situações de maneira mais eficiente e intuitiva.

Em setores como a agricultura, robôs humanoides podem realizar colheitas, monitorar plantações e otimizar o uso de recursos naturais. Na logística, eles podem operar em armazéns, gerenciando estoques e realizando entregas com eficiência e precisão. Até mesmo na exploração espacial, robôs humanoides estão sendo considerados para missões que exigem capacidades humanas em ambientes onde a presença humana direta é arriscada ou inviável.

A colaboração entre humanos e robôs é uma área promissora. Em vez de substituir completamente os trabalhadores, os robôs podem atuar como assistentes, ampliando as capacidades humanas e permitindo que tarefas sejam realizadas com maior eficácia. Essa sinergia pode levar a inovações que antes eram inimagináveis, impulsionando o progresso em diversos campos.

Em termos de impacto econômico, a adoção de robôs humanoides pode levar a reduções significativas de custos operacionais, aumento da produção e abertura de novos mercados.

Empresas que liderarem essa transformação terão vantagens competitivas substanciais, mas também carregarão a responsabilidade de conduzir essa mudança de maneira ética e sustentável.

A cultura e as artes também serão influenciadas. Robôs capazes de criar música, arte ou literatura desafiam nossas concepções sobre criatividade e originalidade. Essa interseção entre tecnologia e expressão humana abre debates fascinantes sobre o que significa ser criativo e como valorizamos a produção artística.

O futuro do trabalho com robôs humanoides não é uma mera fantasia científica, mas uma realidade emergente e inevitável que exige nossa atenção e ação. Ao abraçar essa mudança com responsabilidade e consciência, podemos criar um mundo onde humanos e máquinas trabalham juntos para alcançar novos patamares de inovação e prosperidade, tornando possível uma jornada de trabalho mais curta e uma qualidade de vida superior para todos.

8

O Modelo de Trabalho de 5 Horas por Semana

A visão de um futuro onde a jornada de trabalho é drasticamente reduzida não é apenas uma utopia distante, mas uma possibilidade real que emerge da confluência de avanços tecnológicos sem precedentes, especialmente na inteligência artificial e na robótica humanoide.

Como vimos anteriormente, no século XX, a adoção da semana de trabalho de 40 horas tornou-se padrão em muitos países, entretanto, desde então, a redução da jornada de trabalho estagnou, mesmo com os avanços tecnológicos que aumentaram a produtividade. De acordo com estudos econômicos, a produtividade do trabalho nos países desenvolvidos cresceu exponencialmente nas últimas décadas. Por exemplo, dados da Organização para a Cooperação e Desenvolvimento Econômico (OCDE) indicam que a produtividade por hora trabalhada nos Estados Unidos aumentou em cerca de 250% desde 1950. No entanto, esse aumento não se traduziu em uma redução proporcional das horas de trabalho.

A introdução massiva da inteligência artificial e dos robôs humanoides no mercado de trabalho tem o potencial de romper esse paradigma. Com máquinas capazes de executar tarefas cognitivas e físicas com eficiência superior à humana, a necessidade da mão de obra tradicional pode ser significativamente reduzida.

Vamos considerar alguns cálculos para ilustrar esse ponto.

Suponha que uma fábrica empregue 1.000 trabalhadores humanos, cada um trabalhando 40 horas por semana, totalizando 40.000 horas de trabalho semanais. Com a implementação de robôs humanoides capazes de trabalhar 24 horas por dia, 7 dias por semana, sem fadiga ou necessidade de descanso, a mesma fábrica poderia operar com um número muito menor de unidades robóticas. Se um robô pode operar continuamente, ele fornece 168 horas de trabalho por semana (24 horas x 7 dias). Para igualar as 40.000 horas semanais, seriam necessários aproximadamente 238 robôs (40.000 horas / 168 horas por robô ≈ 238). Isso representa uma redução significativa na necessidade de trabalhadores humanos.

Além disso, os robôs não estão sujeitos a erros humanos, pausas, férias ou licenças médicas, aumentando ainda mais a eficiência operacional. Com a manutenção adequada e atualizações de software, eles podem melhorar continuamente seu desempenho. O custo inicial de aquisição e implementação pode ser alto, mas, a longo prazo, os benefícios econômicos são substanciais. Estudos da McKinsey Global Institute estimam que a automação poderia aumentar a produtividade global em até 1,4% ao ano.

As projeções futuras indicam que, se a tendência atual continuar, poderemos ver uma redução significativa na jornada de trabalho nas próximas décadas. De acordo com o economista John Maynard Keynes, em seu ensaio de 1930 "Possibilidades

Econômicas para os Nossos Netos", ele previu que, até 2030, a semana de trabalho seria reduzida para 15 horas, graças aos avanços tecnológicos. Embora sua previsão tenha sido otimista para a época, a possibilidade de uma jornada de trabalho ainda menor não está fora de alcance, especialmente com a aceleração da IA e da robótica.

Imagine um cenário em que a maioria das tarefas produtivas é realizada por máquinas inteligentes. A produção de bens e serviços seria abundante, e os custos associados seriam drasticamente reduzidos. Isso poderia levar a um novo modelo econômico, onde a distribuição de renda e riqueza seria reorganizada para garantir que os benefícios da automação sejam compartilhados por toda a sociedade, não apenas pelas corporações que detêm a tecnologia.

Um modelo de trabalho de 5 horas por semana permitiria que os indivíduos tivessem mais tempo para atividades pessoais, familiares, educacionais e de lazer. Estudos em psicologia indicam que uma melhor qualidade de vida está associada a um equilíbrio saudável entre trabalho e vida pessoal. Com mais tempo livre, as pessoas poderiam dedicar-se ao desenvolvimento pessoal, ao voluntariado e a atividades que promovem o bem-estar social.

No entanto, essa visão enfrenta desafios significativos. A implementação de um modelo econômico que suporte uma jornada de trabalho tão reduzida requer mudanças estruturais profundas. Políticas públicas voltadas para a redistribuição de renda, como renda básica universal, poderiam ser consideradas. Além disso, questões relacionadas à propriedade intelectual onde todo o conteúdo produzido pela IA seja de direito autoral da humanidade precisam ser cuidadosamente pensados.

Comparando historicamente, a introdução de tecnologias

disruptivas sempre gerou preocupações sobre o desemprego tecnológico. Na época da Revolução Industrial, os ludistas destruíam máquinas que ameaçavam seus empregos. No entanto, ao longo do tempo, novas indústrias e oportunidades de trabalho surgiram, e a sociedade se adaptou. A diferença agora é a escala e a velocidade com que a IA e os robôs estão avançando. A automatização não se limita mais a tarefas manuais, mas também abrange funções cognitivas complexas.

Matematicamente, se considerarmos a Lei de Moore, que observa o crescimento exponencial da capacidade computacional, podemos inferir que os sistemas de IA continuarão a melhorar em uma taxa acelerada. Isso significa que tarefas que hoje são consideradas complexas para as máquinas poderão ser automatizadas em um futuro próximo. Por exemplo, algoritmos de aprendizado profundo estão se tornando proficientes em áreas como diagnóstico médico, análise jurídica e até mesmo na composição de músicas e textos.

Projeta-se que até 2030, até 800 milhões de empregos em todo o mundo possam ser automatizados, de acordo com um relatório da McKinsey. Isso representa cerca de um quinto da força de trabalho global.

Anos atrás, ao visitar um shopping center, era comum encontrar diversos funcionários atuando como caixas de estacionamento em vários pontos do local. Além disso, havia sempre alguém em cada saída para verificar manualmente o pagamento do estacionamento e liberar a cancela. Hoje, essa realidade mudou drasticamente: a operação é quase totalmente automatizada, com apenas um ou dois funcionários encarregados de supervisionar o funcionamento das máquinas, garantindo que tudo esteja em ordem e funcionando. Esse cenário ilustra um exemplo clássico da substituição de dezenas de trabalhadores humanos por máquinas, resultando em um aumento significativo de produtividade, estimado em pelo menos dez vezes.

Em termos de produtividade, a automação completa de certas indústrias poderia levar a um aumento significativo na produção global. Se assumirmos que a produtividade pode dobrar a cada 10 anos com a implementação de IA e robótica avançada, em 30 anos poderíamos ver um aumento de oito vezes na produtividade atual. Isso significa que, teoricamente, a mesma quantidade de bens e serviços poderia ser produzida com apenas uma fração do trabalho humano atualmente necessário.

Entretanto, para que a jornada de trabalho de 5 horas por semana seja viável e sustentável, é fundamental abordar a questão da distribuição dos ganhos de produtividade. Se a riqueza gerada pela automação permanecer concentrada nas mãos de poucos, as disparidades sociais e econômicas aumentarão. Políticas fiscais progressivas, investimentos em infraestrutura social e mecanismos de compartilhamento de riqueza serão essenciais para evitar desigualdades extremas.

A integração de robôs humanoides no mercado de trabalho também levanta questões culturais e psicológicas. A interação diária com máquinas que simulam comportamento humano pode afetar a forma como nos relacionamos uns com os outros. Será necessário desenvolver normas sociais e éticas para guiar essas interações, garantindo que a presença de robôs não desumanize as relações sociais.

Em setores como a agricultura, a automação pode revolucionar a produção de alimentos. Robôs capazes de monitorar solos, plantar, cuidar e colher culturas podem aumentar a eficiência e reduzir o desperdício. Isso não só garantiria a segurança alimentar em escala global, mas também liberaria trabalhadores rurais para buscar outras oportunidades e vivências.

No setor de serviços, a IA e os robôs humanoides podem oferecer atendimento personalizado em escala massiva. Assistentes virtuais já estão sendo utilizados para suportar clientes em várias indústrias. Com o aprimoramento da inteligência emocional artificial, esses assistentes poderão compreender e responder às necessidades dos clientes de maneira cada vez mais sofisticada.

Para ilustrar com um exemplo concreto, considere o setor de transporte. Com a introdução de veículos autônomos, motoristas humanos serão substituídos, aumentando a segurança e eficiência das viagens. Se considerarmos que atualmente existem milhões de motoristas profissionais em todo o mundo, a automação desse setor poderia liberar uma quantidade significativa de mão de obra para outras atividades.

Em termos educacionais, a IA pode personalizar o aprendizado para cada estudante, adaptando o conteúdo às necessidades individuais. Isso pode levar a uma população mais bem-educada e capacitada para enfrentar os desafios de um mercado de trabalho em constante evolução.

Do ponto de vista ambiental, a automação pode contribuir para práticas mais sustentáveis. Robôs podem otimizar o uso de recursos naturais, reduzir o desperdício e monitorar o impacto ambiental em tempo real. A inteligência artificial pode modelar cenários complexos para auxiliar na tomada de decisões que promovam a sustentabilidade.

Em suma, o modelo de trabalho de 5 horas por semana é uma visão ambiciosa, mas alcançável, que depende de uma série de fatores interconectados. A chave para realizar essa visão está na maneira como gerenciamos a transição para um futuro dominado pela inteligência artificial e robótica. É imperativo que governos, empresas e sociedade civil trabalhem juntos para criar estruturas que promovam a equidade, a justiça social e o bem-estar coletivo.

A jornada de trabalho de 5 horas por semana não precisa ser um sonho distante. Com o poder da inteligência artificial e dos robôs humanoides, temos as ferramentas para construir um futuro onde o trabalho seja não apenas uma fonte de sustento, mas também uma expressão de propósito e criatividade humana. Cabe a nós moldar esse futuro de maneira que reflita nossos valores mais profundos e aspirações coletivas.

9

Riqueza e Qualidade de Vida no Novo Paradigma

A revolução proporcionada pela inteligência artificial e robôs humanoides está não apenas transformando a forma como trabalhamos, mas também redefinindo conceitos de riqueza e qualidade de vida. Neste novo paradigma, a distribuição de riqueza e o aumento do tempo disponível para lazer e desenvolvimento pessoal são consequências diretas de uma economia impulsionada por tecnologia avançada.

A introdução massiva de IA e robôs humanoides nos processos produtivos tem o potencial de elevar a eficiência econômica a níveis sem precedentes. Quando máquinas inteligentes assumem a maioria das tarefas, a produção de bens e serviços pode aumentar exponencialmente, enquanto os custos associados diminuem significativamente. Isso cria uma abundância de recursos que, se bem administrada, pode elevar o padrão de vida geral.

Para ilustrar esse ponto, consideremos um modelo econômico simplificado. Suponha que uma fábrica produz 1.000 unidades de um produto por dia, empregando 100 trabalhadores humanos, cada um recebendo um salário diário de $100. O custo diário de mão de obra é, portanto, $10.000. Com a implementação de robôs humanoides, que possuem um custo operacional diário de $20 por unidade (incluindo manutenção e energia), a fábrica pode produzir uma quantidade pelo menos três vezes maior, dado que o robô pode trabalhar 24 horas por dia, com custos significativamente menores.

Se a fábrica substituir os 100 trabalhadores por 100 robôs, a produção pode potencialmente triplicar para 3.000 unidades devido à eficiência contínua dos robôs, que operam sem pausas ou erros humanos. O custo operacional diário dos robôs seria $2.000 (100 robôs x $20), uma redução drástica em comparação com os $10.000 anteriormente gastos em salários. Isso resulta em uma economia diária de $8.000 e um aumento de produtividade 3 vezes maior, que pode ser reinvestida na empresa, distribuída aos acionistas ou, em um cenário ideal, repassada aos consumidores na forma de preços mais baixos.

A redução dos custos de produção tem um efeito cascata na economia. Produtos mais baratos aumentam o poder de compra dos consumidores, permitindo que eles adquiram mais bens e serviços com a mesma renda. Além disso, com a diminuição da necessidade de trabalho humano nas tarefas rotineiras, as pessoas têm mais tempo livre para se dedicar a atividades que promovem o desenvolvimento pessoal e o bem-estar.

É importante destacar que esse modelo não depende da redistribuição forçada de riqueza, mas sim da geração de valor por meio da eficiência tecnológica. A concorrência no mercado incentivará as empresas a repassar parte das economias aos consumidores para manterem-se competitivas. Isso alinha-se com princípios econômicos clássicos de oferta e demanda, sem necessidade de intervenções governamentais redistributivas.

Outra área onde a IA e os robôs humanoides impactam positivamente é na produtividade per capita. De acordo com dados do Banco Mundial, a produtividade média global (medida pelo PIB per capita) tem aumentado gradualmente ao longo das décadas. Com a automação, esse crescimento irá acelerar. Se a produtividade per capita aumentar em 5% ao ano devido à automação, em vez dos 2% atuais, em 20 anos a produtividade seria cerca de 165% maior do que hoje, em vez dos 49% que ocorreriam com o crescimento atual.

Matematicamente, isso pode ser demonstrado pela fórmula do crescimento composto:

$$P = P_0 \times (1 + r)^n$$

Onde:

- P representa a produtividade futura;
- P_0 é a produtividade atual;
- r é a taxa de crescimento anual (como decimal);
- n é o número de anos.

Com uma taxa de crescimento de 5%:

$$P = P_0 \times (1 + 0,05)^{20} = P_0 \times 2,653$$

Com uma taxa de 2%:

$$P = P_0 \times (1 + 0,02)^{20} = P_0 \times 1,4859$$

A diferença é significativa, indicando que a automação pode quase dobrar o aumento da produtividade em comparação com a taxa atual.

Essa elevação na produtividade permite que a sociedade produza mais com menos recursos humanos, liberando tempo para que as pessoas busquem atividades que enriqueçam suas vidas de outras formas. Com mais tempo livre, há um aumento potencial no consumo de serviços relacionados ao lazer, educação, cultura e saúde, estimulando setores econômicos que valorizam a criatividade e a interação humana.

Por exemplo, a indústria do turismo pode experimentar um boom, já que mais pessoas têm tempo e recursos para viajar. O setor educacional pode expandir-se, com indivíduos buscando aprendizado ao longo da vida para satisfação pessoal ou para adaptar-se às mudanças no mercado de trabalho. A demanda por atividades artísticas e culturais pode aumentar, fomentando a criatividade e a inovação.

Do ponto de vista individual, a redução da jornada de trabalho e o aumento do tempo livre estão associados a melhorias na saúde mental e física. Estudos na área de psicologia apontam que o estresse relacionado ao trabalho excessivo contribui para diversas doenças, incluindo depressão, ansiedade e problemas cardiovasculares. Com mais tempo para exercícios físicos, hobbies e relacionamentos sociais, a população pode apresentar melhoras significativas nos indicadores de saúde pública.

Além disso, a possibilidade de se dedicar ao empreendedorismo cresce. Indivíduos com tempo e recursos podem iniciar negócios próprios, inovar e contribuir para o dinamismo econômico. Isso pode levar ao surgimento de novas indústrias e oportunidades, alimentando um ciclo virtuoso de crescimento e prosperidade.

No entanto, para que esse novo paradigma seja sustentável, é necessário considerar a questão da empregabilidade e da renda. Com a automação substituindo funções tradicionais, as oportunidades de trabalho devem deslocar-se para áreas que valorizam habilidades humanas exclusivas, como pensamento crítico, criatividade e inteligência emocional.

Um exemplo prático é o setor de tecnologia da informação. Com o crescimento exponencial da IA, há uma demanda crescente por profissionais especializados em ciência de dados, desenvolvimento de algoritmos e cibersegurança. Esses são campos que exigem conhecimento avançado e capacidade de adaptação, áreas onde a educação contínua é essencial.

Em termos econômicos, a riqueza gerada pela automação pode estimular investimentos em infraestrutura, pesquisa e desenvolvimento. Países que adotarem essas tecnologias de forma estratégica podem posicionar-se na vanguarda da economia global, atraindo talentos e capital internacional.

Matematicamente, se considerarmos que a economia de um país cresce a uma taxa de 3% ao ano sem automação e poderia crescer a 5% com a implementação ampla de IA e robótica, a diferença acumulada ao longo de 30 anos é substancial. Usando novamente a fórmula do crescimento composto:

Sem automação:

$$PIB_{30} = PIB_0 \times (1 + 0,03)^{30} = PIB_0 \times 2,427$$

Com automação:

$$PIB_{30} = PIB_0 \times (1 + 0,05)^{30} = PIB_0 \times 4,322$$

Isso significa que o PIB seria quase o dobro com o crescimento acelerado proporcionado pela automação.

É importante notar que esse crescimento econômico não depende da adoção de políticas redistributivas, mas sim da criação de riqueza através da eficiência e inovação. Empresas que investem em tecnologia podem obter retornos significativos, mas também enfrentam maior concorrência, o que beneficia os consumidores.

No contexto global, a automação pode ajudar a reduzir desigualdades entre países. Nações em desenvolvimento podem adotar tecnologias de IA e robótica para impulsionar suas economias, melhorar a produtividade agrícola, industrial e de serviços, e oferecer melhores oportunidades a suas populações. Isso pode acelerar o crescimento econômico e elevar os padrões de vida, contribuindo para a estabilidade internacional.

Empresas podem desempenhar um papel fundamental na promoção de práticas responsáveis. Ao investir em comunidades locais, oferecer programas de educação e adotar modelos de negócios sustentáveis, elas podem contribuir para um desenvolvimento equilibrado.

Além disso, o aumento da eficiência energética e a redução

de desperdícios são benefícios adicionais da automação. Robôs podem operar de maneira otimizada, reduzindo o consumo de energia e minimizando impactos ambientais. Isso contribui para a sustentabilidade e atende a demandas crescentes por práticas ecologicamente corretas.

Em suma, a riqueza e a qualidade de vida no novo paradigma são resultados diretos da integração inteligente da inteligência artificial e robôs humanoides na economia. Ao aumentar a produtividade, reduzir custos e liberar tempo para o desenvolvimento pessoal, essas tecnologias têm o potencial de transformar positivamente a sociedade.

Este novo paradigma não é uma ruptura com os princípios econômicos estabelecidos, mas uma evolução natural impulsionada pela tecnologia. Ao abraçar as oportunidades oferecidas pela IA e robótica, podemos alcançar níveis de riqueza e bem-estar antes inimagináveis, criando uma sociedade onde o tempo livre é valorizado e o potencial humano é plenamente realizado.

10

Preparando-se para o Futuro: Adaptação Educacional e Profissional para a Nova Realidade

A humanidade encontra-se à beira de uma transformação sem precedentes, impulsionada pela ascensão da inteligência artificial e dos robôs humanoides que assumem a maioria das tarefas antes realizadas por seres humanos. Neste contexto, a adaptação educacional e profissional torna-se não apenas uma necessidade, mas uma condição sine qua non para prosperar nesta nova era. A preparação para o futuro requer uma reavaliação profunda dos sistemas educacionais, das habilidades valorizadas no mercado de trabalho e, fundamentalmente, da maneira como percebemos nosso papel no mundo.

A história oferece lições valiosas sobre períodos de grandes mudanças. Na Grécia Antiga, os filósofos se depararam com questões existenciais e práticas ao tentar compreender a natureza do conhecimento, da realidade e da ética. Sócrates,

Platão e Aristóteles dedicaram suas vidas ao desenvolvimento do pensamento crítico, valorizando a capacidade humana de raciocinar, questionar e buscar a verdade. Este legado filosófico fornece um alicerce para enfrentar os desafios atuais, pois enfatiza habilidades que permanecem exclusivamente humanas, mesmo diante das mais avançadas tecnologias.

À medida que as máquinas se tornam mais proficientes em tarefas cognitivas e físicas, a educação precisa deslocar seu foco da memorização e reprodução de informações para o desenvolvimento do pensamento crítico, da criatividade e da inteligência emocional. Habilidades como resolução de problemas complexos, inovação e empatia tornam-se fundamentais. A pedagogia deve incentivar a curiosidade intelectual, promovendo ambientes onde o questionamento e a exploração são encorajados.

Considere, por exemplo, o impacto da IA na medicina. Robôs cirurgiões e sistemas de diagnóstico avançados podem superar a precisão e a velocidade dos profissionais humanos em diversas áreas. No entanto, a comunicação com pacientes, a compreensão das nuances emocionais e culturais e a tomada de decisões éticas permanecem domínios humanos. Portanto, a formação de futuros médicos deve enfatizar não apenas o conhecimento técnico, mas também habilidades interpessoais e éticas.

No âmbito profissional, a adaptabilidade é a nova moeda de valor. Carreiras tradicionais podem tornar-se obsoletas em questão de anos, enquanto novas profissões emergem em ritmo acelerado. A mentalidade de aprendizado contínuo é essencial. Profissionais devem estar dispostos a reinventar-se, adquirindo novas competências e explorando diferentes campos do conhecimento. Isso reflete o ideal socrático de reconhecer a própria ignorância como ponto de partida para a sabedoria.

A integração da filosofia grega como modo de pensamento crítico na educação moderna oferece ferramentas para navegar a complexidade do mundo contemporâneo. O método dialético de Sócrates, por exemplo, estimula o questionamento profundo e a busca por respostas fundamentadas. Este método pode ser aplicado no ensino de ciências, tecnologia e humanidades, promovendo uma compreensão mais holística e crítica das matérias.

Além disso, a ética aristotélica, centrada na busca pela virtude e pelo bem comum, é especialmente relevante. À medida que a IA e os robôs humanoides assumem funções significativas na sociedade, questões éticas emergem com força. Como programar máquinas para tomar decisões morais? Qual é o impacto das ações automatizadas na sociedade? A formação educacional deve incluir discussões éticas e filosóficas para preparar indivíduos capazes de lidar com esses dilemas.

Em termos práticos, governos e instituições educacionais precisam investir na reformulação dos currículos. Disciplinas que promovem habilidades transversais, como filosofia, artes e educação física, devem ganhar destaque ao lado das ciências exatas e tecnológicas. A colaboração entre diferentes áreas do conhecimento é vital para fomentar a inovação e a criatividade.

No ambiente profissional, empresas devem promover a cultura de aprendizado e flexibilidade. Programas de treinamento contínuo, oportunidades de mobilidade interna e incentivo à experimentação podem ajudar a reter talentos e prepará-los para as mudanças. Líderes empresariais precisam valorizar não apenas as habilidades técnicas, mas também as soft skills, como comunicação eficaz, liderança e empatia.

A inteligência artificial e os robôs humanoides também levantam questões sobre o significado do trabalho na vida humana.

Com a redução da necessidade de trabalho manual e repetitivo, as pessoas têm a oportunidade de buscar realizações em áreas que antes não eram possíveis. Isso pode levar a uma revalorização do tempo livre, do lazer e do desenvolvimento pessoal. A filosofia epicurista, que valoriza a busca pelo prazer moderado e pela tranquilidade da mente, pode oferecer insights sobre como aproveitar essa nova realidade.

No entanto, a transição para este futuro não está isenta de desafios. A desigualdade pode aumentar se o acesso à educação de qualidade e às oportunidades de requalificação não for amplamente disponível. Indivíduos e comunidades que não conseguirem se adaptar correm o risco de ficar marginalizados.

A tecnologia em si não é boa ou má; é um instrumento que reflete os valores da sociedade que a utiliza. A ética platônica enfatiza a importância de uma sociedade justa, onde cada indivíduo contribui de acordo com suas capacidades e recebe de acordo com suas necessidades.

No que diz respeito à inteligência artificial, a transparência e a responsabilidade são fundamentais. Desenvolvedores e engenheiros devem assegurar que os algoritmos sejam justos, evitando vieses que possam prejudicar grupos específicos. A supervisão humana é essencial para monitorar e corrigir possíveis desvios éticos. Este é um campo onde o pensamento crítico filosófico pode contribuir significativamente, questionando pressupostos e analisando as implicações das decisões tecnológicas.

A colaboração internacional também desempenha um papel crucial. A natureza global da tecnologia exige cooperação entre países para estabelecer padrões éticos e regulatórios que protejam os interesses humanos. Inspirados pela cosmopolita filosofia estoica, que considera todos os seres humanos como membros de uma comunidade global, podemos trabalhar juntos para enfrentar os desafios comuns.

Por fim, a preparação para o futuro envolve uma mudança de mentalidade. Em vez de temer a substituição pelas máquinas, devemos abraçar as oportunidades que elas proporcionam. A inteligência artificial e os robôs humanoides liberam-nos das limitações do trabalho físico e repetitivo, permitindo que exploremos plenamente nosso potencial intelectual e criativo. É uma chance de redefinir o que significa ser humano em um mundo tecnologicamente avançado.

A educação deve, portanto, cultivar não apenas o conhecimento, mas também a sabedoria. Como os filósofos gregos nos ensinaram, a sabedoria é a aplicação prática do conhecimento para viver uma vida boa e justa. Neste novo paradigma, a sabedoria nos guiará para usar a tecnologia de maneira que enriqueça nossas vidas e promova o progresso humano.

11

Abraçando a Abundância

A humanidade está prestes a entrar em uma era de abundância sem precedentes, impulsionada pela inteligência artificial e pelos robôs humanoides que assumem a maioria das tarefas antes realizadas por seres humanos. Este novo paradigma promete não apenas melhorar a eficiência e a produtividade, mas também transformar fundamentalmente a maneira como vivemos, trabalhamos e interagimos uns com os outros. Ao abraçarmos esta abundância, podemos imaginar um futuro onde as limitações econômicas e sociais são superadas, abrindo caminho para uma sociedade mais próspera e harmoniosa.

A inteligência artificial avançada, aliada à robótica humanoide, está redefinindo os alicerces da economia global. Com máquinas capazes de aprender, adaptar-se e executar tarefas complexas com precisão sobre-humana, a produção de bens e serviços torna-se ilimitada em teoria. A escassez, que historicamente tem sido um fator determinante na economia, pode ser gradualmente eliminada. Isso nos permite reimaginar conceitos fundamentais como propriedade, valor e troca.

Um dos setores que pode sofrer uma transformação radical é o mercado de ações. Tradicionalmente, as bolsas de valores funcionam como plataformas onde investidores compram e vendem ações de empresas, baseando suas decisões em análises de desempenho, expectativas futuras e estratégias financeiras. No entanto, com a inteligência artificial dominando a tomada de decisões, as negociações humanas tornam-se obsoletas. Algoritmos de alta frequência já desempenham um papel significativo nos mercados atuais, mas a próxima evolução pode levar a uma completa automatização.

Imagine um cenário onde todas as empresas são gerenciadas por inteligências artificiais otimizadas para maximizar eficiência e inovação. Essas IAs comunicam-se diretamente umas com as outras, negociando recursos, estabelecendo parcerias e ajustando estratégias em tempo real. O mercado de ações, como o conhecemos, perde sua relevância, pois as decisões de investimento não são mais baseadas em especulações humanas, mas em análises instantâneas e precisas realizadas pelas próprias inteligências artificiais. As flutuações do mercado, muitas vezes impulsionadas por emoções humanas como medo e ganância, são suavizadas ou eliminadas, levando a uma estabilidade econômica sem precedentes.

Neste contexto, o papel do investidor humano é profundamente alterado. Em vez de tentar superar o mercado através de estratégias de investimento, os indivíduos podem se concentrar em outras formas de contribuição e realização pessoal. A riqueza gerada pelas empresas automatizadas pode ser distribuída de maneira mais equitativa, não por imposição governamental, mas como resultado natural de uma economia onde os custos de produção são drasticamente reduzidos e a eficiência é maximizada.

Outro exemplo significativo é a transformação do mercado de consumo. Atualmente, a competição de preços é um dos principais motores da economia, com empresas disputando a preferência dos consumidores através de ofertas e promoções. No entanto, com a inteligência artificial e os robôs humanoides reduzindo os custos de produção e distribuição a níveis próximos de zero, o preço dos produtos tende a cair significativamente. Além disso, sistemas de IA podem analisar instantaneamente todas as ofertas disponíveis, garantindo que os consumidores sempre obtenham o melhor preço sem esforço.

Imagine que você deseja comprar um novo dispositivo eletrônico. Em vez de pesquisar diferentes lojas e comparar preços, sua assistente de IA pessoal faz isso em microssegundos, encontrando a melhor oferta disponível. Como todas as empresas utilizam IA para definir preços otimizados e competitivos, a diferença de preço entre fornecedores torna-se praticamente inexistente. O custo marginal de produção é tão baixo que as empresas podem oferecer produtos a preços mínimos, focando em outras formas de agregar valor ao cliente, como personalização, experiência do usuário e serviços adicionais.

Nesse ambiente, a competição deixa de ser baseada em preços e desloca-se para a inovação e qualidade. As empresas procuram diferenciar-se não pelo custo, mas pela capacidade de atender às necessidades e desejos específicos dos consumidores. Isso incentiva um ciclo virtuoso de melhoria contínua, impulsionado pela criatividade humana e pelo potencial ilimitado da inteligência artificial.

A abundância gerada por essa nova economia tem implicações profundas para a sociedade. Com a satisfação das necessidades básicas garantida, as pessoas têm a liberdade de perseguir paixões, desenvolver habilidades e contribuir para a comunidade de maneiras significativas. A educação torna-se uma busca vitalícia, não apenas uma preparação para o emprego. Artes, ciência, filosofia e outras áreas do conhecimento florescem, alimentadas pela curiosidade e pelo desejo inerente de explorar e compreender o mundo.

As cidades podem ser redesenhadas para promover o bem-estar e a interação social. Espaços verdes, centros culturais e áreas de convivência substituem zonas industriais e comerciais tradicionais. A mobilidade é facilitada por sistemas de transporte autônomos e sustentáveis, reduzindo o trânsito e a poluição. A inteligência artificial gerencia infraestruturas urbanas de maneira eficiente, otimizando o uso de recursos e melhorando a qualidade de vida.

No campo da saúde, avanços em IA e robótica permitem diagnósticos precisos, tratamentos personalizados e cuidados preventivos. Doenças antes consideradas incuráveis podem ser tratadas ou gerenciadas efetivamente. A expectativa de vida aumenta, e as pessoas envelhecem com saúde e vitalidade, podendo desfrutar plenamente das oportunidades que a vida oferece.

A nível global, a abundância pode ajudar a mitigar conflitos causados por escassez de recursos. Com tecnologias capazes de produzir energia limpa e abundante, alimentos em quantidades suficientes para alimentar a população mundial e água potável através de dessalinização eficiente, muitos dos desafios enfrentados por países em desenvolvimento podem ser superados. A cooperação internacional é fortalecida, à medida que os interesses comuns de prosperidade e sustentabilidade tornam-se prioridades compartilhadas.

Entretanto, abraçar a abundância também requer abordar questões éticas e garantir que a transição para essa nova realidade seja conduzida de maneira justa e inclusiva. A concentração de poder e controle sobre as tecnologias de IA e robótica pode levar a desequilíbrios significativos se não houver mecanismos para assegurar que os benefícios sejam amplamente distribuídos.

A governança da inteligência artificial é um campo emergente que busca definir diretrizes para o desenvolvimento e implementação responsável dessas tecnologias. Princípios como transparência, responsabilidade e respeito pela privacidade devem ser incorporados desde o início. Além disso, a educação desempenha um papel crucial em preparar a sociedade para entender e interagir com a IA de maneira informada e crítica.

A relação entre humanos e máquinas também evoluirá. Em vez de substituir completamente a interação humana, os robôs humanoides podem complementar nossas habilidades, assumindo tarefas perigosas, tediosas ou extenuantes. Isso permite que os humanos se concentrem em atividades que exigem empatia, criatividade e julgamento moral. A colaboração entre humanos e máquinas pode resultar em soluções inovadoras para problemas complexos, combinando o melhor de ambos os mundos.

A cultura e a arte podem experimentar uma nova era de expressão e diversidade. Com mais tempo e recursos, as pessoas podem explorar formas criativas de comunicação e criação. A inteligência artificial pode atuar como uma ferramenta que expande as possibilidades artísticas, permitindo novas formas de música, literatura, cinema e outras artes. A colaboração entre artistas humanos e IAs pode levar a obras que desafiam e expandem nossa compreensão da estética e da experiência humana.

No ambiente familiar, a abundância proporciona oportunidades para fortalecer os laços e dedicar tempo de qualidade aos entes queridos. A educação das crianças pode ser personalizada, atendendo às necessidades individuais e cultivando talentos únicos. As famílias podem envolver-se em projetos comunitários, viagens e atividades que enriquecem a vida e promovem valores como compaixão, respeito e responsabilidade.

A espiritualidade e a busca pelo significado também podem ganhar novos contornos. Com a redução das preocupações materiais, as pessoas têm mais espaço para refletir sobre questões existenciais e explorar diferentes perspectivas filosóficas e religiosas. Isso pode levar a uma maior compreensão intercultural e a um sentido renovado de propósito coletivo.

Em resumo, abraçar a abundância oferecida pela inteligência artificial e pelos robôs humanoides é uma oportunidade para redefinir a sociedade em termos mais positivos e humanos. Embora desafios existam, as possibilidades de progresso e melhoria são imensas. Ao focarmos na colaboração, na inovação ética e na valorização do potencial humano, podemos construir um futuro onde a prosperidade é compartilhada e a qualidade de vida é elevada para todos.

A jornada até esse futuro requer visão, coragem e comprometimento. Devemos estar dispostos a questionar paradigmas antigos, explorar novas ideias e trabalhar juntos para superar obstáculos. A tecnologia é uma ferramenta poderosa, mas é a sabedoria humana que determinará como ela será usada. Ao abraçarmos a abundância com responsabilidade e esperança, podemos transformar não apenas nossas próprias vidas, mas também o destino da humanidade.

www.ingramcontent.com/pod-product-compliance
Lightning Source LLC
Chambersburg PA
CBHW070318220526
45465CB00004B/1901